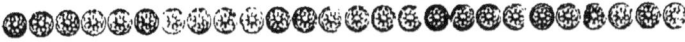

EAUX MINÉRALES FERRUGINEUSES

DE

CASTELJALOUX,

SOURCE LEVADOU.

Bien que cette Source soit découverte depuis 1837 ; qu'elle soit déjà bien connue par ses bons résultats et ses cures merveilleuses , néanmoins, nous devons faire connaître à nos lecteurs l'histoire de sa découverte , ainsi que la double épreuve à laquelle elle a été soumise.

En mai 1837 , M. Levadou fit creuser un puits pour fournir de l'eau à son Etablissement de bains de propreté. L'Eau de ce puits, soumise à l'ébulition, éprouvait un changement si notable que plusieurs personnes en furent frappées.

De l'écorce de chêne infusée fit connaître que cette Eau contenait des principes ferrugineux. L'acide gallique pur employé ne laissa plus aucun doute ; Dès lors M. Levadou se rendit à Bordeaux , et pria M. Magonty de vouloir se rendre à Casteljaloux, pour faire publiquement l'analyse de l'Eau de sa source , afin de constater aux yeux de tous sa propriété bienfaisante.

1843

En effet, le 11 octobre 1837, M. Magonty procéda à cette analyse, et ses résultats dépassèrent toutes les espérances. Encouragé par ce premier résultat, le propriétaire s'adressa à M. le Ministre de l'Agriculture et du Commerce pour le prier de faire faire une nouvelle analyse par le corps le plus savant de l'Europe. Sa demande fut favorablement accueillie, et, sur l'ordre du Ministre, transmis par M. Brun, préfet du département de Lot-et-Garonne, des Échantillons de cette Eau furent puisés en bouteilles, et scellés *en présence de M. le Maire de Casteljaloux* qui dressa du tout procès-verbal; ces bouteilles avec le procès-verbal furent adressées sur le champ et directement au Ministre de l'Agriculture et du Commerce, et de là transmises au Secrétariat de l'Académie Royale de Médecine; voici maintenant l'analyse faite par cette compagnie savante, juge suprême en semblable matière.

ACADÉMIE ROYALE DE MÉDECINE.

Rapport sur la Source d'Eau Minérale Ferrugineuse appartenant à M. Levadou.

« Sur la demande du sieur Levadou, propriétaire d'une Source d'Eau Minérale Ferrugineuse, découverte à Casteljaloux en 1839, le Ministre de l'Agriculture et du Commerce a fait inviter l'Académie Royale de Médecine à analyser cette Eau, dont un examen très-soigné avait été déjà entrepris par M. Magonty, professeur de chimie à Bordeaux.

» La Commission des Eaux Minérales, chargée de ce travail, me l'a renvoyé, et je viens aujourd'hui vous en donner les résultats.

» L'Eau de Casteljaloux, expédiée dans des bouteilles bien scellées et bouchées avec des bouchons de liége imprégnés de cire, est arrivée dans un bon état de conservation. Deux bouteilles seulement présentaient des flocons bruns de matière organique mêlée d'oxide et de sulfure de fer, et dégageaient une légère odeur sulfureuse due à la réaction opérée entre cette substance et quelques sulfates.

» · La saveur atramentaire en était très-sensible ; exposée à l'air, elle a perdu sa limpidité, en passant à un trouble rougeâtre ocracé bien plus sensible encore après la concentration qui fournit un résidu rouge briqueté.

» Par la distillation, elle a donné du gaz carbonique et de l'azote avec très-peu d'oxigène, comme cela a lieu pour un grand nombre d'Eaux réellement Ferrugineuses.

» Les réactifs indiqueront dans l'Eau, la présence de chlorures de chaux, du fer très-sensiblement, et celle de quantités très-minimes de sulfate. Quant à sa composition, elle se rapporte à celle donnée par M. Magonty. L'oxide de fer nous a paru y être combiné en très-grande partie avec la matière organique (acide chromique) si commune dans les eaux martiales naturelles.

» Voici pour un litre (1000 grammes) la composition que nous avons obtenue :

» Acide carbonique libre, fort peu, mais servant à faire des bi-carbonates.

Carbonate de chaux,
Idem de magnésie, peu } primitif bi-carbonate.   0, 450.

Sulfate de soude et de chaux (traces sensibles). . . . . .

Chlorure de sodium, dominant,
Idem   de calcium,
Idem   de magnésie, } . . . . . .   0, 025.

Silicate de soude,
Idem de chaux, } . . . .   0, 011.

Silice. . . . .   0, 020.

Chromate de fer et carbonate. . . . .   0, 048.

Chromate de manganèse, apprécié. . . . . .   0, 005.

      » Total. . . . .   0, 559.

      » Eau pure. . . . . .   999, 441.

         1000, » » ».

» La proportion de fer trouvée par l'analyse dans l'Eau de la Source Levadou est bien supérieure à celle de la source Samazeuilh, examinée par M. Barruel, fils, et déjà la saveur ferrugineuse, ainsi que les réactifs, l'annonçaient d'une manière directe. Cette proportion de fer y est à peu près triple. Quant aux autres principes, ils sont presque les mêmes, et portent à croire que ces deux Eaux ont une même origine, mais que la deuxième (celle de Samazeuilh), *est sans doute mêlée à des infiltrations étrangères.* Les bons effets de cette Eau sur l'économie animale paraissent démontrés par les expériences de M. le docteur Bermond, consignées dans la notice imprimée annexée à la lettre ministérielle, effets qui justifient assez bien la quantité de fer trouvée par les expériences chimiques ; de plus, la découverte des Sources Ferrugineuses, assez rares dans les pays méridionaux, étant considérée alors comme très-avantageuse, nous croyons qu'on doit envisager l'Eau Ferrugineuse de la nouvelle Source de Casteljaloux (Levadou), comme susceptible d'intérêt, et qu'on en peut permettre l'expérimentation.

» Lu et adopté dans la séance du 29 juin 1841.

      » Pour copie conforme :

      » Le Secrétaire Perpétuel,

        » Signé, E. PARISET. »

Ainsi, l'Académie Royale de Médecine a prononcé ; c'est

le juge souverain en cette matière ; il n'y a pas de degré supérieur d'hiérarchie pour infirmer ses arrêts.

Par suite des résultats obtenus par cette Compagnie savante, les Eaux du sieur Levadou contiennent une bien plus forte quantité de fer que celles si célèbres de Vichy. Ce fait seul parle assez de lui-même ; il n'est donc pas besoin de faire ici aucune réflexion. Frappé lui-même des données avantageuses de l'analyse qu'il avait ordonnée, M. le Ministre de l'Agriculture et du Commerce disait dans sa lettre contenant la copie du rapport qui précède :

« .... Si M. Leva-
» dou demande à livrer au public les Eaux de sa source, je
» m'empresserai de l'y autoriser, vu les résultats obtenus par
» l'analyse de l'Académie Royale de Médecine. »

M. Levadou s'est empressé, en effet, de former cette demande, et voici l'arrêté qui a été rendu à cet égard :

ARRÊTÉ.

« Le Ministre Secrétaire d'État au département de l'Agriculture et du Commerce,

» Vu la demande du sieur Levadou, propriétaire de la Source Ferrugineuse, située dans la ville de Casteljaloux ;

» Vu l'analyse de ses Eaux Minérales faite par M. Magonty, professeur de chimie à Bordeaux, et le rapport de l'Académie Royale de Médecine ;

» Sur l'avis du Maire de Casteljaloux, et celui du Préfet du département de Lot-et-Garonne,

ARRÊTE CE QUI SUIT :
ART. 1er.

» Le sieur Levadou est autorisé à livrer au public les Eaux de la Source Ferrugineuse qui existe sur sa propriété, à Casteljaloux, à la charge par lui de se conformer aux dispositions des lois et règlements sur les Eaux Minérales.

ART. 2.

» Le Préfet du département de Lot-et-Garonne est chargé de la présente décision,

» Paris, le 30 juin 1842.

» Signé, L. CUNIN-GRIDAINE.

Les journaux consacrés à la science médicale, et dont la mission est de répandre et faire connaître aux hommes pratiques les découvertes utiles, ne pouvaient pas garder le silence sur les résultats obtenus par l'analyse de l'Académie Royale de Médecine. Aussi, le JOURNAL DE CHIMIE MÉDICALE, DE PHARMACIE ET DE TEXICOLOGIE, qui se publie à Paris, s'exprime en ces termes dans son N°. IV de 1842, page 253:

« Le hasard a procuré la découverte d'une source d'Eau
» Minérale Ferrugineuse dans la ville de Casteljaloux, dépar-
» tement de Lot-et-Garonne. Cette source, qui avait déjà été
» analysée par un savant professeur de chimie, vient de l'ê-
» tre encore, sur la demande du ministre, par l'Académie
» Royale de Médecine. De semblables découvertes sont tou-
» jours un véritable bienfait pour les localités qui les possè-
» dent; car personne n'ignore que nos établissements des
» Pyrénées ne doivent leur bien-être qu'à l'existence de leurs
» eaux thermales. Les contrées méridionales doivent se ré-
» jouir de pouvoir désormais, sans recourir à de longs voya-
» ges, faire usage des Eaux Ferrugineuses dont la vertu a
» été reconnue si efficace dans une infinité de maladies.

» Voici le rapport de l'analyse que l'Académie Royale de
» Médecine vient de faire; » etc. etc.

Le BULLETIN MÉDICAL DE BORDEAUX s'exprime ainsi dans son N° du mois d'avril de 1842, page 282:

« Une Source d'Eau Minérale Ferrugineuse vient d'être

» découverte à Casteljaloux , chef-lieu de canton du troisiè-
» me arrondissement du département de Lot-et-Garonne. Sur
» la demande du propriétaire , cette Eau a été analysée sur
» les lieux mêmes par notre professeur de chimie, M. Magonty.
» Plus tard , l'Académie royale de médecine , à laquelle le mi-
» nistre a fait parvenir des échantillons de cette Eau , l'a a-
» nalysée à son tour, et les données des deux expériences chi-
» miques ont indiqué la présence du fer dans une proportion
» supérieure aux eaux si célèbres de Vichy. Dans son rap-
» port, le secrétaire perpétuel de l'Académie a déclaré
» qu'on devait envisager cette source comme digne d'intérêt.
   » Cette découverte est d'autant plus précieuse pour nos
» contrées que cette source est presque sur les confins du dé-
» partement de la Gironde , et que sa distance est tout au
» plus de trois quarts de journée de Bordeaux. — Notre but
» n'est point de faire ici l'énumération des cas nombreux dans
» lesquels l'eau ferrugineuse est d'un secours efficace ; ce
» serait beaucoup trop long. Nous nous contenterons de fai-
» re connaître l'analyse de l'Académie royale de médecine ,
» laissant à chacun le soin d'apprécier toute l'importance de
» cette précieuse découverte. » (Suit le rapport.)

Nous croyons devoir faire suivre ces citations par quelques
extraits de la notice sur la vertu des Eaux Ferrugineuses ,
due à M. le docteur BERMOND , médecin chef interne à l'hô-
pital St.-André de Bordeaux.

NOTICE

SUR LES EAUX MINÉRALES FERRUGINEUSES
par M. Eug. Bermond , d.-m.

Dépouillées du prisme de la prévention, beaucoup d'Eaux
Minérales ont perdu leur célébrité usurpée aux yeux des mé-

decins praticiens et des observateurs consciencieux. On a reconnu que la plupart d'entr'elles ne devaient leur prétendue efficacité qu'à des circonstances tout à fait accessoires, aux déplacements qu'elles occasionnaient, à l'exercice qu'elles nécessitaient chez les personnes habituellement oisives, aux administrations de médicaments qui n'étaient censés que préparer le malade à l'effet des eaux, et qui en définitive contribuaient le plus à son soulagement ou à sa guérison. La vogue, contre laquelle on a tant de peine à se défendre, les récits ampoulés de cures merveilleuses par des hommes et même des médecins intéressés à l'exploitation de Sources Minérales, ont fortement contribué à la conservation de nombreux préjugés.

Aussi, chaque année voit-on une foule de voyageurs émigrant vers des contrées lointaines, aller retremper leur santé dans des eaux dont les propriétés vantées sont plus que douteuses; ils ignorent que la principale intention des hommes de l'art est de leur causer des distractions utiles, si même il n'arrive pas que de pareils conseils aient pour but de déguiser une impuissance inhérente à l'état peu avancé de la science.

Au milieu des illusions de toute espèce qui se sont évanouies au sujet des Eaux Minérales, il est consolant d'avoir à proclamer les bienfaits réels de certaines d'entr'elles. On doit placer au premier rang les Eaux Ferrugineuses, dont les propriétés sont mieux étudiées depuis quelques temps, et d'une démonstration facile, en s'étayant sur les faits les plus vulgaires et les plus répandus. On connaît déjà la haute réputation des Eaux de Spa et de Vichy; leur efficacité dans les engorgements chroniques des viscères de l'économie en a utilisé les sels qui ont pour base le fer dans une multitude de circonstances. Mais on est bien loin encore d'avoir justement apprécié tous les cas de maladie où l'on peut en retirer des avantages précieux. Disons même que l'on n'a pas assez porté l'attention sur les ressources que l'on pouvait tirer des médications ferrugineuses. De bons esprits ont reconnu qu'une lacune était à remplir sur ce point, et la thérapeutique se trouve sur la voie d'importantes améliorations sous l'influence des travaux que cette idée a déjà suggérés.

Un fait incontestable, c'est que le fer est un modificateur puissant de l'organisme. Dans une époque où nous voyons restituer à l'humorisme son ancien crédit, il n'a pas été difficile de reconnaître qu'en modifiant les qualités du sang on devait modifier les constitutions appauvries ou viciées par des principes morbides. Or, le fer a pour propriété de s'adresser à la masse du sang, d'augmenter sa propriété excitante lorsqu'elle est au dessous de son type normal. Aussi, les individus pâles et lymphatiques, que des excès en tout genre ont profondément affaiblis, que des engorgements viscéraux ont réduits à une santé précaire, qui ont perdu la faculté de digérer convenablement leurs aliments, trouvent-ils dans les médicaments Ferrugineux les ressources les plus avantageuses.

Il est une autre classe d'individus qui ont toujours trouvé dans l'emploi des Ferrugineux une guérison rapide : je veux parler de ceux qui ont été atteints de *gastrite*. Il arrive très-souvent alors que les digestions ne s'opèrent qu'avec lenteur et difficulté, bien qu'il n'existe plus aucune trace de phlogose. Ce n'est pas une irritation entretenue dans l'estomac, qui empêche l'élaboration des aliments, car dans ce cas il faudrait bien se garder d'avoir recours aux Ferrugineux pris en boisson ou de toute autre manière ; — il s'agit au contraire d'un défaut de ton de la part de l'estomac, d'une surabondance de sécrétion favorisée par une constitution lymphatique. Eh bien ! les exemples fourmillent de personnes dont les forces étaient sans énergie, au teint pâle et décoloré, dont l'appétit était languissant ou nul, dont les digestions laborieuses s'accompagnaient d'un grand dégagement de gaz ; sous l'influence des médications Ferrugineuses, on les a vues recouvrer leur vigueur, prendre une coloration vermeille, éprouver un sentiment de bien-être inaccoutumé, et se procurer une alimentation restaurante et substancielle.

Ce n'est pas seulement comme tonique général que le fer se fait remarquer, il a encore un mode d'action qui échappe à l'analyse, mais qui n'en est pas moins réel sur les engorgements de la rate et du foie. Ceux-ci ne sont que trop communs à la suite des fièvres intermittentes, et troublent par la cessation de fonctions importantes la série des actes organiques qui donnent au sang une bonne composition chimique. Si les Eaux de Pyrmont, de Spa, de Vichy, de Contraxeville, etc,, ont obtenu une célébrité si puissamment vantée, c'est presqu'exclusivement dans des cas semblables que leur action a été reconnue produire d'excellents effets, à tel point que les médecins s'accordent aujourd'hui à regarder ces Eaux comme un véritable spécifique des engorgements chroniques de la rate et du foie. Que l'engorgement de la rate soit primitif ou consécutif à des fièvres intermittentes, on voit des individus qui en sont affectés, se plaindre d'un sentiment de pesanteur ou de douleur dans la région de l'organe, rendant pénible tout exercice un peu fatigant. A l'inaptitude au mouvement et à la faiblesse se joint un état habituel de pâleur. Des oppressions, des lassitudes excessives, des palpitations arrivent dès que les malades veulent s'essayer à l'activité ; leur appétit se détériore de plus en plus, ou devient bizarre ; ils sont agités à la moindre impression morale par des

accès fébriles ; leur esprit est morose, inquiet, et une mai-
greur très-prononcée devient la conséquence de la difficulté et
de l'imperfection des digestions. Souvent l'hydropisie survient,
et précipite le dénouement funeste d'une vie chargée d'ennuis
et de douleurs. etc., etc., etc.

Nous terminerons enfin par l'extrait suivant des procès-
verbaux du Conseil Général de Lot-et-Garonne :

Une source d'eau minérale ferrugineuse, découverte depuis quelques années à Casteljaloux, et soumise à l'analyse
de savants chimistes, possède des qualités qui en rendent
l'emploi efficace dans un certain nombre de maladies.

Lors de ma dernière tournée du Conseil de révision, j'ai
visité cet établissement, dû aux soins de son actif propriétaire,
M. *Levadou*. Frappé lui-même des avantages que peuvent
procurer ces nouveaux Bains thermaux, le Conseil d'arrondissement de Nérac les recommande à votre sollicitude ; je
mets sa délibération sous vos yeux, et je m'associe avec plaisir
à ce vœu.

Vote favorable aux Eaux Minérales
de Casteljaloux.

LE CONSEIL GÉNÉRAL (Séance du 30 août 1844),

Sur la proposition de M. le Préfet et le rapport de sa
Commission d'administration générale,

Signale à l'attention particulière et à la bienveillance du
gouvernement la source ferrugineuse et l'établissement des
Bains de Casteljaloux, appartenant au sieur *Levadou*.

CONCLUSION.

Notre Etablissement offre une grande ressource aux malades peu fortunés. Les riches, que de trop grandes souffrances,
ou des affaires empêchent d'entreprendre le voyage des Pyré-

www.ingramcontent.com/pod-product-compliance
Lightning Source LLC
Chambersburg PA
CBHW050419210326
41520CB00020B/6667